Libro para Colectas de Plantas

Libreta de Notas para Botánicos

Coleccionista ______________________________

Libreta de Notas # ___________

Colecta # ____________ a # _____________

Eisermann, Knut
Libro para Colectas de Plantas: Libreta de Notas para Botánicos
Hauyaland Publications, Antigua Guatemala, Guatemala
2023
ISBN: 978-99939-0-890-6

Gráficas en la portada y contraportada por
Knut Eisermann

Portada:
Gonolobus incerianus W.D. Stevens & Montiel (Apocynaceae) — una liana endémica de bosques húmedos de las tierras altas del sur de México, de Guatemala, Honduras, El Salvador y Nicaragua.

Contraportada:
Hauya elegans subsp. *cornuta* (Hemsl.) P.H. Raven & Breedlove (Onagraceae) — un árbol endémico de bosques semi-húmedos en las tierras altas del sur de México, de Guatemala, Honduras y El Salvador.

ÍNDICE

Introducción

El trabajo botánico de campo puede ser emocionante pero también agotador. Muchas veces requiere arduas caminatas hasta el hábitat donde se recolectarán las muestras, a veces bajo condiciones de tiempo desfavorables. En el sitio de colecta deben ser cuidadosamente seleccionadas y recolectadas plantas enteras de especies que caben en una hoja de herbario, o solamente partes de plantas en el caso de especies más grandes. Usualmente se recolectan varios individuos de cada especie, lo que hace posible el depósito de especímenes en diversos herbarios. Con el fin de asegurar el valor científico de los especímenes recolectados, es necesario registrar algunos datos básicos. Esto se debe realizar en el sitio de colecta, antes de iniciar el camino de regreso a casa, al campamento o laboratorio, donde se prepararán los especímenes para su conservación a largo plazo, ya sea por medio de prensado y secado, conservación en alcohol u otros métodos. Aquí es donde este libro para colectas botánicas con sus formularios es muy útil, facilitando el trabajo exigente de botánicos de campo. Este libro de colecta es una de las herramientas más importantes para botánicos, junto con tijera podadora, podadora telescópica para árboles, pala de mano para desenterrar plantas pequeñas con sus raíces, una lupa, binoculares, un dispositivo GPS, y una cinta métrica para medir el diámetro de troncos de árboles. Este libro de notas es también útil para micólogos. Las siguientes notas sobre cómo usar esta libreta son especialmente para estudiantes y colectores de plantas principiantes, como ayuda para comenzar su carrera de recolectar plantas en el camino correcto.

Cómo usar este libro para colectas botánicas

Cada espécimen conservado de una planta es un registro científico de la presencia de este taxón en un lugar específico, en un tiempo específico y en condiciones específicas (p. ej. en floración o con semillas). Especímenes científicos de plantas son la base para muchos análisis, como revisiones taxonómicas o compilaciones sobre la distribución de especies. Por eso debe ser posible hacer referencia a cada espécimen. La sección siguiente explica detalles sobre cada campo en el formulario y como evitar trampas. Tenga en cuenta que esta libreta es para usar en el campo, así que algunas gotas de lluvia podrían caer en las páginas, y también la libreta podría empaparse totalmente por accidente. Por ello asegúrese de evitar el uso de lapiceros con tinta que no sea impermeable. Lo mejor es el empleo de lápices medio suaves de grado HB, B o 2B, los cuales pintan suficientemente oscuro para ser legibles también en fotocopias. Tenga también en cuenta que sus notas deben ser legibles por otras personas, como el personal en herbarios montando especímenes. No se puede insistir suficiente en la importancia de escribir las notas de forma legible.

Fecha. Indicar la fecha de recolección. En algunos casos puede ser útil también indicar la hora, por ejemplo para especies que abren sus flores solamente por algunas horas en la mañana o en la noche.

Coleccionista y Número. El nombre del coleccionista junto con el número de colecta componen el identificador para cada espécimen. Este identificador se indica en artículos científicos como referencia a un espécimen. Ver, por ejemplo, Monro (2009), donde en la sección sobre *Myriocarpa bifurca*, dos especímenes están citados, entre muchos otros especímenes: Steyermark 33833 (F) y Standley 88131 (US). Eso significa que el número de colección 33833 de Steyermark, depositado en el herbario del Field Museum of Natural History, y el número de colección 88131 de Standley, depositado en el herbario de Smithsonian Institution en Washington, D. C., fueron examinados por Monro.

El nombre completo del coleccionista debe ser indicado en cada formulario del libro de colecta para evitar confusiones cuando se compartan fotocopias de una página con colegas. Es recomendable que cada coleccionista use durante toda su vida una sola serie secuencial para los números de colecciones. Se debe evitar el inicio de una nueva serie de números de colecciones para cada año o para cada excursión de campo (Gentry 1984).

Coleccionistas asociados. Nombres de los coleccionistas acompañantes.

Información sobre el sitio de colecta

País / 2.º nivel admin. / 3.er nivel admin. Estas tres categorías de niveles administrativo-políticos permiten una visión general rápida sobre el origen del espécimen. Las categorías del segundo y tercer nivel administrativo varían según el país. Una unidad del segundo nivel puede llamarse estado, provincia, distrito, departamento, cantón, región, oblast u otro, y una unidad del tercer nivel puede llamarse municipio, distrito, county u otro. En caso de ser útil, se puede indicar una categoría de cuarto nivel.

Lugar. Indique detalles sobre la localidad del sitio de colecta, por ejemplo el nombre de un área protegida, dirección y distancia desde un punto de referencia (p. ej. ciudad más cercana o un lago). A veces un croquis de un mapa puede ser útil, el cual se puede dibujar en el espacio en la página opuesta de cada formulario. Evite el uso de abreviaturas. Tenga en cuenta que hojas de herbario con los especímenes que usted colectó y que fueron etiquetadas con la información de su libreta de campo, pueden ser regaladas o prestadas a especialistas en todo el mundo, quienes no están familiarizados con sus abreviaturas.

Latitud / Longitud. Registre las coordenadas geográficas con un dispositivo de mano de GPS (Sistema de Posicionamiento Global). En teléfonos inteligentes con chip de GPS, las aplicaciones de GPS son suficientemente precisas. Las coordenadas geográficas pueden ser indicadas en grados decimales o en grados/minutos/segundos. Además, indique el elipsoide de referencia usado para la medición. Hoy en día el elipsoide de World Geodetic System (WGS84) es empleado comúnmente en cartografía y Sistemas de Información Geográfica (SIG). Asegúrese que su dispositivo de GPS está ajustado a este elipsoide antes de medir la posición. En caso de que utilice otras proyecciones, por ejemplo UTM, indique todos los detalles necesarios para poder calcular latitud y longitud (en el caso de UTM: el tipo — UTM 1927 o UTM 1983 — y la zona de UTM son necesarios).

Altitud. Registre la altitud indicada por su dispositivo de GPS. No olvide indicar la unidad de medida (metros o pies).

Hábitat. Descripción breve del hábitat incluyendo el tipo de vegetación, altura media de la vegetación, especies o géneros asociados, forma del relieve y tipo de suelo. En caso de plantas acuáticas, indique la profundidad del agua.

En la sección de sitio de colecta, llene todos los campos siempre. Evite notas como "igual al número XY" refiriéndose a otros números de colección.

Datos sobre el espécimen

Descripción del espécimen. Descripción breve y concisa del espécimen, con atención especial a características que no se pueden observar en la muestra conservada. Incluya el **hábito**, como hierba, arbusto, árbol, liana, epífita o musgo. En el caso de plantas acuáticas, incluya si estaba sumergida, flotando o emergente. Registre la **altura** de la planta recolectada, lo cual es importante para plantas grandes de las cuales solamente pueden colectarse partes. Mida el **grosor** de troncos de árboles (DAP, diámetro a la altura del pecho). Los **colores** de plantas vivas muchas veces no pueden ser preservados, se destiñen o cambian durante el secado o la preservación en mezclas alcohólicas. Esto no solo es cierto para flores y frutas, sino también para hojas, las cuales en algunas especies se vuelven negras durante el secado. Obviamente, los colores deben ser registrados cuando las plantas colectadas están aún vivas. La percepción de colores es algo subjetiva. Por ejemplo, lo que algunas personas pueden llamar anaranjado oscuro, otros lo llaman rojo claro. La confusión se puede evitar usando cuadros de referencia. El desarrollo de estándares de colores para la descripción de objetos naturales tiene una larga historia (Simonini 2018, Baty 2021). Smithe (1975) publicó cuadros de referencia de bolsillo para biólogos de campo, pero hoy en día está agotado y no se encuentra fácilmente. Yo recomiendo el catálogo de colores de bolsillo de Köhler (2012), el cual es un librito práctico con cuadros impresos de colores, fácil de llevar al campo como referencia para registrar colores de flores, frutas, hojas y cortezas. Indique cuál referencia de colores utilizó. Esté consciente que las versiones electrónicas de cuadros de colores observados en teléfonos inteligentes y tabletas son menos útiles, porque la representación de colores en estos dispositivos no está calibrada. Aunque también la percepción de **aromas** es subjetiva, tome nota de olores notables. Algunas plantas tienen olores característicos en las hojas aplastadas, ramitas quebradas o madera cortada, lo cual en algunos casos puede ser importante para la identificación (Gentry 1996). La **textura y los patrones** de la corteza de árboles se documentan mejor con fotografías o con muestras. Si solo se describen, debería usarse una terminología estandarizada para evitar confusiones (Junikka 1994). Tome nota sobre los exudados de **látex y savia**, incluyendo el lugar de exudación (tronco, ramita, hoja), el color de estos líquidos exudados, y si ocurren cambios de color cuando se secan. Las **partes subterráneas** de plantas pueden ser relevantes para la identificación. Tome nota sobre los tallos subterráneos (rizomas) y órganos de almacenamiento como bulbos, cormos y tubérculos. Si posible, tome nota de la **abundancia relativa** de la especie en el sitio de colecta. Sin necesidad de tomar datos robustos de abundancia en parcelas de muestreo, que consumen mucho tiempo, la abundancia relativa puede ser estimada en categorías aproximadas como raro (solamente pocos individuos vistos durante una mañana de colecta), poco común (fácilmente se pueden encontrar 10–50 individuos durante una mañana), y común (una de las especies dominantes en el sitio).

Tenga en cuenta que su descripción del espécimen debe ser inequívoca, por eso el uso de una terminología estandarizada de términos botánicos es obligatorio. Si tiene dudas, consulte glosarios botánicos, en idioma español, por ejemplo Moreno (1984) o Esteras Pérez & Sanchis Duato (2022); y en idioma inglés, por ejemplo Harris & Harris (2001) o Beentije & Williamson (2016).

Material recolectado. Este campo es especialmente importante en casos cuando, además de la planta secada montada en una hoja de herbario, se recolectaron partes conservadas en otro lugar, como frutas, flores o carpelos en líquido; muestras de madera, o muestras de hojas cortadas y conservadas en gel de sílice para análisis moleculares. También debe indicar si fueron utilizados químicos sobre las muestras de plantas antes de prensar y secar.

Identificadores de fotografías. Es buena práctica tomar fotografías de la planta viva antes de preservarla, lo que se ha vuelto fácil con el desarrollo de la fotografía digital. Tome nota del número del archivo de las fotos como referencia.

Nombre científico. Este campo usualmente no se llena en el campo, sino después de una cuidadosa determinación usando claves de identificación, comparando con especímenes en herbarios o después de consultar con especialistas del grupo de plantas en cuestión.

Indique el nombre científico según la taxonomía y nomenclatura actual. Consulte monografías florísticas regionales para los nombres actuales. El nombre de la especie debería incluir el nombre del autor para evitar confusión. Por ejemplo, el nombre *Dioscorea macrostachya* ha sido aplicado por diferentes autores para taxa diferentes; *Dioscorea macrostachya* Benth. se considera ahora un sinónimo para *Dioscorea mexicana* Scheidw. y *Dioscorea macrostachya* M. Martens & Galeotti se considera ahora un sinónimo para *Dioscorea convolvulacea* Schltdl. & Cham. subsp. *convolvulacea* (POWO 2022). En casos cuando se pueda identificar la subespecie o variedad, indíquela. En caso de duda sobre la identidad de la especie, indique solamente el género seguido por sp., o coloque cf. (abreviación para la palabra en latín *confer* = comparar) entre los nombres del género y de la especie, si el espécimen no coincide al 100 % con las características de la especie. Coloque aff. (abreviación para la palabra en latín *affinis* = relacionado con) entre los nombres del género y de la especie si el espécimen no coincide al 100 % con las características de la especie, pero está relacionado con esta.

Familia. Indique la familia a la cual la especie pertenece actualmente. Tenga en cuenta que la taxonomía es un campo dinámico y consulte revisiones taxonómicas actuales y monografías florísticas regionales.

Nombre común. Indique nombres comunes usados por la gente local y en cuál idioma están.

Identificado por. Indique el nombre de la persona quien identificó el espécimen. En muchos casos será su propio nombre, pero para grupos complicados con taxonomía no resuelta, pueden haber sido consultados especialistas para la identificación.

Depositado en herbarios. Indique aquí los códigos de los nombres de herbarios donde fueron depositados los especímenes. Se han asignado códigos a todos los herbarios a nivel mundial, los cuales se pueden consultar en la versión actualizada en línea del Index Herbariorum (New York Botanical Garden 2022). Por ejemplo, MO es el código para el herbario del Jardín Botánico de Missouri, Saint Louis, Missouri, Estados Unidos de América; BIGU es el código del herbario de la Escuela de Biología de la Universidad de San Carlos de Guatemala, Guatemala Ciudad, y CWU es el código del herbario de la Universidad Nacional Karazin National University en Járkov, Ucrania.

Uno de los curadores anteriores del último herbario fue Paul

Zinowiew, en cuyo honor Nicolai Turczaninov nombró el género *Zinowiewia*, familia Celastraceae (Turczaninov 1859). Este género contiene árboles distribuidos en México, Centro América y el norte de Sur América.

Notas adicionales / croquis de mapas / dibujos. La página opuesta al formulario ofrece espacio para notas adicionales. Asegúrese de indicar el nombre del coleccionista y el número de colección para vincular estas notas con el espécimen correcto. Es útil indicar la referencia con base en la cual el espécimen fue identificado, por ejemplo una monografía florística regional o una clave actual para las especies de un género. A veces puede ser útil proporcionar un croquis de mapa del sitio de colecta y un dibujo de los detalles morfológicos importantes para la identificación. Indique aquí si la especie se usa localmente y cuáles partes de la planta son utilizadas, por ejemplo para alimento, medicina, madera, leña, cercos vivos o para delimitar propiedades de terreno.

Esta libreta de notas proporciona espacio para 100 números de colección. Durante un estudio botánico o una carrera profesional en botánica de campo, usted posiblemente colectará miles de especímenes. Con el fin de que la información en sus libretas sea fácilmente accesible, las libretas deberían ser numeradas secuencialmente. Escriba el número en la portada y en el lomo de la libreta y el rango de números de colección en la primera página. Guardar todas las libretas juntas en una librera le dará acceso rápido a su información original de campo, incluso después de años.

Antes de recolectar plantas, asegúrese de obtener las licencias necesarias de las autoridades correspondientes.

Para detalles sobre la historia de herbarios y sobre cómo

recolectar plantas, conservar especímenes y manejar herbarios, Bridson & Forman (1998), Jain & Rao (2016), Funk (2018) y Thiers (2020) son lecturas recomendables.

Agradecimientos

Gracias a Claudia Avendaño por la revisión del manuscrito.

Referencias

Baty, P. (ed.) (2021) Nature's palette: a color reference system from the natural world. Princeton University Press, Princeton, NJ.

Beentije, H. & Williamson, J. (2016) The Kew plant glossary: an illustrated dictionary of plant terms. Second edition. Kew Publishing, Royal Botanical Gardens, Kew, UK.

Bridson, D. & Forman, L. (1998) The herbarium handbook. Third edition. Royal Botanical Gardens, Kew, UK.

Esteras Pérez, F. J. & Sanchis Duato, E. (2022) Glosario botánico ilustrado. edUPV, Valencia, España.

Funk, V. A. (2018) Collections-based science in the 21st Century. Journal of Systematics and Evolution 56: 175–193.

Gentry, A. H. (1984) Flora Neotropica news. Taxon 33: 355–358.

Gentry, A. H. (1996) A field guide to the families and genera of woody plants of northwest South America. University of Chicago Press, Chicago, IL.

Harris, J. G. & Harris, M. W. (2001) Plant identification terminology: an illustrated glossary. Second edition. Spring Lake Publishing, Spring Lake, UT.

Jain, S. K. & Rao, R. R. (2016) A handbook of field and herbarium methods. Today and Tomorrow Printers & Publishers, New Delhi, India.

Junikka, L. (1994) Survey of English macroscopic bark terminology. IAWA Journal 15: 3–45.

Köhler, G. (2012) Color catalogue for field biologists. Herpeton, Offenbach, Germany.

Monro, A. K. (2009) Two new species and a nomenclatural synopsis of *Myriocarpa* (Urticaceae) from Mesoamerica. Novon 19: 85–95.

Moreno, N. P. (1984) Glosario botánico ilustrado. Instituto Nacional de Investigaciones sobre Recursos Bioticos, Xalapa, Veracruz, México.

New York Botanical Garden (2022) Index Herbariorum. Updated online version of a worldwide index of herbaria. https://sweetgum.nybg.org/science/ih/ Accedido 14 de mayo de 2023.

POWO (2022). Plants of the World Online. Royal Botanic Gardens, Kew, UK. https://powo.science.kew.org/ Accedido 14 de mayo de 2023.

Simonini, G. (2018) Organising colours: Patrick Syme's colour chart and nomenclature for scientific purposes. Revue de la Société d'études anglo-américaines des XVIIe et XVIIIe siècles 75: 1–25. DOI 10.4000/1718.1327

Smithe, F. B. (1975) Naturalist's color guide. American Museum of Natural History, New York.

Thiers, B. M. (2020) Herbarium: the quest to preserve and classify the world's plants. Timber Press, Portland, OR.

Turczaninov, N. (1859) Animadversiones ad secundam partem catalogi plantarum herbarii universitatis charkowiensis. Bulletin de la Société Impériale des Naturalistes de Moscou 32: 258–277.

Formularios para colectas botánicas

Notas adicionales / croquis de mapas / dibujos

Coleccionista	Número

Fecha	Coleccionista	Número

Coleccionistas asociados

Sitio de colecta

País / 2.º nivel admin. / 3.er nivel admin.

Lugar

Latitud / Longitud	Altitud

Hábitat

Espécimen

Descripción del espécimen

Material recolectado

Identificadores de fotografías

Nombre científico

Familia	Nombre común

Identificado por	Depositado en herbarios

Notas adicionales / croquis de mapas / dibujos

Coleccionista	Número

Fecha	Coleccionista	Número

Coleccionistas asociados

Sitio de colecta

País / 2.º nivel admin. / 3.er nivel admin.

Lugar

Latitud / Longitud	Altitud

Hábitat

Espécimen

Descripción del espécimen

Material recolectado

Identificadores de fotografías

Nombre científico

Familia	Nombre común

Identificado por	Depositado en herbarios

Notas adicionales / croquis de mapas / dibujos

Coleccionista	Número

Fecha	Coleccionista	Número

Coleccionistas asociados

Sitio de colecta

País / 2.º nivel admin. / 3.er nivel admin.

Lugar

Latitud / Longitud	Altitud

Hábitat

Espécimen

Descripción del espécimen

Material recolectado

Identificadores de fotografías

Nombre científico

Familia	Nombre común

Identificado por	Depositado en herbarios

Notas adicionales / croquis de mapas / dibujos

Coleccionista	Número

Fecha	Coleccionista	Número

Coleccionistas asociados

Sitio de colecta

País / 2.º nivel admin. / 3.er nivel admin.

Lugar

Latitud / Longitud	Altitud

Hábitat

Espécimen

Descripción del espécimen

Material recolectado

Identificadores de fotografías

Nombre científico

Familia	Nombre común

Identificado por	Depositado en herbarios

Notas adicionales / croquis de mapas / dibujos

Coleccionista	Número

Fecha | **Coleccionista** | **Número**

Coleccionistas asociados

Sitio de colecta

País / 2.º nivel admin. / 3.er nivel admin.

Lugar

Latitud / Longitud | **Altitud**

Hábitat

Espécimen

Descripción del espécimen

Material recolectado

Identificadores de fotografías

Nombre científico

Familia | **Nombre común**

Identificado por | **Depositado en herbarios**

Notas adicionales / croquis de mapas / dibujos

Coleccionista	Número

Fecha	Coleccionista	Número

Coleccionistas asociados

Sitio de colecta

País / 2.º nivel admin. / 3.er nivel admin.

Lugar

Latitud / Longitud	Altitud

Hábitat

Espécimen

Descripción del espécimen

Material recolectado

Identificadores de fotografías

Nombre científico

Familia	Nombre común

Identificado por	Depositado en herbarios

Notas adicionales / croquis de mapas / dibujos

Coleccionista	Número

Fecha	Coleccionista	Número

Coleccionistas asociados

Sitio de colecta

País / 2.° nivel admin. / 3.er nivel admin.

Lugar

Latitud / Longitud	Altitud

Hábitat

Espécimen

Descripción del espécimen

Material recolectado

Identificadores de fotografías

Nombre científico

Familia	Nombre común

Identificado por	Depositado en herbarios

Notas adicionales / croquis de mapas / dibujos

Coleccionista	Número

Fecha	Coleccionista	Número

Coleccionistas asociados

Sitio de colecta

País / 2.º nivel admin. / 3.er nivel admin.

Lugar

Latitud / Longitud	Altitud

Hábitat

Espécimen

Descripción del espécimen

Material recolectado

Identificadores de fotografías

Nombre científico

Familia	Nombre común

Identificado por	Depositado en herbarios

Notas adicionales / croquis de mapas / dibujos

Coleccionista	Número

Fecha	Coleccionista	Número

Coleccionistas asociados

Sitio de colecta

País / 2.º nivel admin. / 3.er nivel admin.

Lugar

Latitud / Longitud	Altitud

Hábitat

Espécimen

Descripción del espécimen

Material recolectado

Identificadores de fotografías

Nombre científico

Familia	Nombre común

Identificado por	Depositado en herbarios

Notas adicionales / croquis de mapas / dibujos

Coleccionista	Número

Fecha	Coleccionista	Número

Coleccionistas asociados

Sitio de colecta

País / 2.° nivel admin. / 3.er nivel admin.

Lugar

Latitud / Longitud	Altitud

Hábitat

Espécimen

Descripción del espécimen

Material recolectado

Identificadores de fotografías

Nombre científico

Familia	Nombre común

Identificado por	Depositado en herbarios

Notas adicionales / croquis de mapas / dibujos

Coleccionista	Número

Fecha	Coleccionista	Número

Coleccionistas asociados

Sitio de colecta

País / 2.º nivel admin. / 3.er nivel admin.

Lugar

Latitud / Longitud	Altitud

Hábitat

Espécimen

Descripción del espécimen

Material recolectado

Identificadores de fotografías

Nombre científico

Familia	Nombre común

Identificado por	Depositado en herbarios

Notas adicionales / croquis de mapas / dibujos

Coleccionista	Número

Fecha	Coleccionista	Número

Coleccionistas asociados

Sitio de colecta

País / 2.° nivel admin. / 3.er nivel admin.

Lugar

Latitud / Longitud	Altitud

Hábitat

Espécimen

Descripción del espécimen

Material recolectado

Identificadores de fotografías

Nombre científico

Familia	Nombre común

Identificado por	Depositado en herbarios

Notas adicionales / croquis de mapas / dibujos

Coleccionista	Número

Fecha	Coleccionista	Número

Coleccionistas asociados

Sitio de colecta

País / 2.º nivel admin. / 3.er nivel admin.

Lugar

Latitud / Longitud	Altitud

Hábitat

Espécimen

Descripción del espécimen

Material recolectado

Identificadores de fotografías

Nombre científico

Familia	Nombre común

Identificado por	Depositado en herbarios

Notas adicionales / croquis de mapas / dibujos

Coleccionista	Número

Fecha	Coleccionista	Número

Coleccionistas asociados

Sitio de colecta

País / 2.º nivel admin. / 3.er nivel admin.

Lugar

Latitud / Longitud	Altitud

Hábitat

Espécimen

Descripción del espécimen

Material recolectado

Identificadores de fotografías

Nombre científico

Familia	Nombre común

Identificado por	Depositado en herbarios

Notas adicionales / croquis de mapas / dibujos

Coleccionista	Número

Fecha	Coleccionista	Número

Coleccionistas asociados

Sitio de colecta

País / 2.º nivel admin. / 3.er nivel admin.

Lugar

Latitud / Longitud	Altitud

Hábitat

Espécimen

Descripción del espécimen

Material recolectado

Identificadores de fotografías

Nombre científico

Familia	Nombre común

Identificado por	Depositado en herbarios

Notas adicionales / croquis de mapas / dibujos

Coleccionista	Número

Fecha	Coleccionista	Número

Coleccionistas asociados

Sitio de colecta

País / 2.º nivel admin. / 3.er nivel admin.

Lugar

Latitud / Longitud	Altitud

Hábitat

Espécimen

Descripción del espécimen

Material recolectado

Identificadores de fotografías

Nombre científico

Familia	Nombre común

Identificado por	Depositado en herbarios

Notas adicionales / croquis de mapas / dibujos

Coleccionista	Número

Fecha	Coleccionista	Número

Coleccionistas asociados

Sitio de colecta

País / 2.º nivel admin. / 3.er nivel admin.

Lugar

Latitud / Longitud	Altitud

Hábitat

Espécimen

Descripción del espécimen

Material recolectado

Identificadores de fotografías

Nombre científico

Familia	Nombre común

Identificado por	Depositado en herbarios

Notas adicionales / croquis de mapas / dibujos

Coleccionista	Número

Fecha	Coleccionista	Número

Coleccionistas asociados

Sitio de colecta

País / 2.º nivel admin. / 3.er nivel admin.

Lugar

Latitud / Longitud	Altitud

Hábitat

Espécimen

Descripción del espécimen

Material recolectado

Identificadores de fotografías

Nombre científico

Familia	Nombre común

Identificado por	Depositado en herbarios

Notas adicionales / croquis de mapas / dibujos

Coleccionista	Número

Fecha	Coleccionista	Número

Coleccionistas asociados

Sitio de colecta

País / 2.º nivel admin. / 3.er nivel admin.

Lugar

Latitud / Longitud	Altitud

Hábitat

Espécimen

Descripción del espécimen

Material recolectado

Identificadores de fotografías

Nombre científico

Familia	Nombre común

Identificado por	Depositado en herbarios

Notas adicionales / croquis de mapas / dibujos

Coleccionista	Número

Fecha	Coleccionista	Número

Coleccionistas asociados

Sitio de colecta

País / 2.º nivel admin. / 3.er nivel admin.

Lugar

Latitud / Longitud	Altitud

Hábitat

Espécimen

Descripción del espécimen

Material recolectado

Identificadores de fotografías

Nombre científico

Familia	Nombre común

Identificado por	Depositado en herbarios

Notas adicionales / croquis de mapas / dibujos

Coleccionista	Número

Fecha	Coleccionista	Número

Coleccionistas asociados

Sitio de colecta

País / 2.º nivel admin. / 3.er nivel admin.

Lugar

Latitud / Longitud	Altitud

Hábitat

Espécimen

Descripción del espécimen

Material recolectado

Identificadores de fotografías

Nombre científico

Familia	Nombre común

Identificado por	Depositado en herbarios

Notas adicionales / croquis de mapas / dibujos

Coleccionista	Número

Fecha	Coleccionista	Número

Coleccionistas asociados

Sitio de colecta

País / 2.º nivel admin. / 3.er nivel admin.

Lugar

Latitud / Longitud	Altitud

Hábitat

Espécimen

Descripción del espécimen

Material recolectado

Identificadores de fotografías

Nombre científico

Familia	Nombre común

Identificado por	Depositado en herbarios

Notas adicionales / croquis de mapas / dibujos

Coleccionista	Número

Fecha	Coleccionista	Número

Coleccionistas asociados

Sitio de colecta

País / 2.º nivel admin. / 3.er nivel admin.

Lugar

Latitud / Longitud	Altitud

Hábitat

Espécimen

Descripción del espécimen

Material recolectado

Identificadores de fotografías

Nombre científico

Familia	Nombre común

Identificado por	Depositado en herbarios

Notas adicionales / croquis de mapas / dibujos

Coleccionista	Número

Fecha	Coleccionista	Número

Coleccionistas asociados

Sitio de colecta

País / 2.º nivel admin. / 3.er nivel admin.

Lugar

Latitud / Longitud	Altitud

Hábitat

Espécimen

Descripción del espécimen

Material recolectado

Identificadores de fotografías

Nombre científico

Familia	Nombre común

Identificado por	Depositado en herbarios

Notas adicionales / croquis de mapas / dibujos

Coleccionista	Número

Fecha	Coleccionista	Número

Coleccionistas asociados

Sitio de colecta

País / 2.° nivel admin. / 3.er nivel admin.

Lugar

Latitud / Longitud	Altitud

Hábitat

Espécimen

Descripción del espécimen

Material recolectado

Identificadores de fotografías

Nombre científico

Familia	Nombre común

Identificado por	Depositado en herbarios

Notas adicionales / croquis de mapas / dibujos

Coleccionista	Número

Fecha	Coleccionista	Número

Coleccionistas asociados

Sitio de colecta

País / 2.° nivel admin. / 3.er nivel admin.

Lugar

Latitud / Longitud	Altitud

Hábitat

Espécimen

Descripción del espécimen

Material recolectado

Identificadores de fotografías

Nombre científico

Familia	Nombre común

Identificado por	Depositado en herbarios

Notas adicionales / croquis de mapas / dibujos

Coleccionista	Número

Fecha	Coleccionista	Número

Coleccionistas asociados

Sitio de colecta

País / 2.º nivel admin. / 3.er nivel admin.

Lugar

Latitud / Longitud	Altitud

Hábitat

Espécimen

Descripción del espécimen

Material recolectado

Identificadores de fotografías

Nombre científico

Familia	Nombre común

Identificado por	Depositado en herbarios

Notas adicionales / croquis de mapas / dibujos

Coleccionista	Número

Fecha	Coleccionista	Número

Coleccionistas asociados

Sitio de colecta

País / 2.º nivel admin. / 3.er nivel admin.

Lugar

Latitud / Longitud	Altitud

Hábitat

Espécimen

Descripción del espécimen

Material recolectado

Identificadores de fotografías

Nombre científico

Familia	Nombre común

Identificado por	Depositado en herbarios

Notas adicionales / croquis de mapas / dibujos

Coleccionista	Número

Fecha	Coleccionista	Número

Coleccionistas asociados

Sitio de colecta

País / 2.º nivel admin. / 3.er nivel admin.

Lugar

Latitud / Longitud	Altitud

Hábitat

Espécimen

Descripción del espécimen

Material recolectado

Identificadores de fotografías

Nombre científico

Familia	Nombre común

Identificado por	Depositado en herbarios

Notas adicionales / croquis de mapas / dibujos

Coleccionista	Número

Fecha	Coleccionista	Número

Coleccionistas asociados

Sitio de colecta

País / 2.° nivel admin. / 3.er nivel admin.

Lugar

Latitud / Longitud	Altitud

Hábitat

Espécimen

Descripción del espécimen

Material recolectado

Identificadores de fotografías

Nombre científico

Familia	Nombre común

Identificado por	Depositado en herbarios

Notas adicionales / croquis de mapas / dibujos

Coleccionista	Número

Fecha	Coleccionista	Número

Coleccionistas asociados

Sitio de colecta

País / 2.º nivel admin. / 3.er nivel admin.

Lugar

Latitud / Longitud	Altitud

Hábitat

Espécimen

Descripción del espécimen

Material recolectado

Identificadores de fotografías

Nombre científico

Familia	Nombre común

Identificado por	Depositado en herbarios

Notas adicionales / croquis de mapas / dibujos

Coleccionista	Número

Fecha	Coleccionista	Número

Coleccionistas asociados

Sitio de colecta

País / 2.º nivel admin. / 3.er nivel admin.

Lugar

Latitud / Longitud	Altitud

Hábitat

Espécimen

Descripción del espécimen

Material recolectado

Identificadores de fotografías

Nombre científico

Familia	Nombre común

Identificado por	Depositado en herbarios

Notas adicionales / croquis de mapas / dibujos

Coleccionista	Número

Fecha	Coleccionista	Número

Coleccionistas asociados

Sitio de colecta

País / 2.º nivel admin. / 3.er nivel admin.

Lugar

Latitud / Longitud	Altitud

Hábitat

Espécimen

Descripción del espécimen

Material recolectado

Identificadores de fotografías

Nombre científico

Familia	Nombre común

Identificado por	Depositado en herbarios

Notas adicionales / croquis de mapas / dibujos

Coleccionista	Número

Fecha	Coleccionista	Número

Coleccionistas asociados

Sitio de colecta

País / 2.º nivel admin. / 3.er nivel admin.

Lugar

Latitud / Longitud	Altitud

Hábitat

Espécimen

Descripción del espécimen

Material recolectado

Identificadores de fotografías

Nombre científico

Familia	Nombre común

Identificado por	Depositado en herbarios

Notas adicionales / croquis de mapas / dibujos

Coleccionista	Número

Fecha	Coleccionista	Número

Coleccionistas asociados

Sitio de colecta

País / 2.º nivel admin. / 3.er nivel admin.

Lugar

Latitud / Longitud	Altitud

Hábitat

Espécimen

Descripción del espécimen

Material recolectado

Identificadores de fotografías

Nombre científico

Familia	Nombre común

Identificado por	Depositado en herbarios

Notas adicionales / croquis de mapas / dibujos

Coleccionista	Número

Fecha	Coleccionista	Número

Coleccionistas asociados

Sitio de colecta

País / 2.° nivel admin. / 3.er nivel admin.

Lugar

Latitud / Longitud	Altitud

Hábitat

Espécimen

Descripción del espécimen

Material recolectado

Identificadores de fotografías

Nombre científico

Familia	Nombre común

Identificado por	Depositado en herbarios

Notas adicionales / croquis de mapas / dibujos

Coleccionista	Número

Fecha | Coleccionista | Número

Coleccionistas asociados

Sitio de colecta

País / 2.° nivel admin. / 3.er nivel admin.

Lugar

Latitud / Longitud | Altitud

Hábitat

Espécimen

Descripción del espécimen

Material recolectado

Identificadores de fotografías

Nombre científico

Familia | Nombre común

Identificado por | Depositado en herbarios

Notas adicionales / croquis de mapas / dibujos

Coleccionista	Número

Fecha	Coleccionista	Número

Coleccionistas asociados

Sitio de colecta

País / 2.º nivel admin. / 3.er nivel admin.

Lugar

Latitud / Longitud	Altitud

Hábitat

Espécimen

Descripción del espécimen

Material recolectado

Identificadores de fotografías

Nombre científico

Familia	Nombre común

Identificado por	Depositado en herbarios

Notas adicionales / croquis de mapas / dibujos

Coleccionista	Número

Fecha	Coleccionista	Número

Coleccionistas asociados

Sitio de colecta

País / 2.º nivel admin. / 3.er nivel admin.

Lugar

Latitud / Longitud	Altitud

Hábitat

Espécimen

Descripción del espécimen

Material recolectado

Identificadores de fotografías

Nombre científico

Familia	Nombre común

Identificado por	Depositado en herbarios

Notas adicionales / croquis de mapas / dibujos

Coleccionista	Número

Fecha	Coleccionista	Número

Coleccionistas asociados

Sitio de colecta

País / 2.º nivel admin. / 3.er nivel admin.

Lugar

Latitud / Longitud	Altitud

Hábitat

Espécimen

Descripción del espécimen

Material recolectado

Identificadores de fotografías

Nombre científico

Familia	Nombre común

Identificado por	Depositado en herbarios

Notas adicionales / croquis de mapas / dibujos

Coleccionista	Número

Fecha	Coleccionista	Número

Coleccionistas asociados

Sitio de colecta

País / 2.º nivel admin. / 3.er nivel admin.

Lugar

Latitud / Longitud	Altitud

Hábitat

Espécimen

Descripción del espécimen

Material recolectado

Identificadores de fotografías

Nombre científico

Familia	Nombre común

Identificado por	Depositado en herbarios

Notas adicionales / croquis de mapas / dibujos

Coleccionista	Número

Fecha	Coleccionista	Número

Coleccionistas asociados

Sitio de colecta

País / 2.° nivel admin. / 3.er nivel admin.

Lugar

Latitud / Longitud	Altitud

Hábitat

Espécimen

Descripción del espécimen

Material recolectado

Identificadores de fotografías

Nombre científico

Familia	Nombre común

Identificado por	Depositado en herbarios

Notas adicionales / croquis de mapas / dibujos

Coleccionista	Número

Fecha	Coleccionista	Número

Coleccionistas asociados

Sitio de colecta

País / 2.º nivel admin. / 3.er nivel admin.

Lugar

Latitud / Longitud	Altitud

Hábitat

Espécimen

Descripción del espécimen

Material recolectado

Identificadores de fotografías

Nombre científico

Familia	Nombre común

Identificado por	Depositado en herbarios

Notas adicionales / croquis de mapas / dibujos

Coleccionista	Número

Fecha	Coleccionista	Número

Coleccionistas asociados

Sitio de colecta

País / 2.º nivel admin. / 3.er nivel admin.

Lugar

Latitud / Longitud	Altitud

Hábitat

Espécimen

Descripción del espécimen

Material recolectado

Identificadores de fotografías

Nombre científico

Familia	Nombre común

Identificado por	Depositado en herbarios

Notas adicionales / croquis de mapas / dibujos

Coleccionista	Número

Fecha	Coleccionista	Número

Coleccionistas asociados

Sitio de colecta

País / 2.º nivel admin. / 3.er nivel admin.

Lugar

Latitud / Longitud	Altitud

Hábitat

Espécimen

Descripción del espécimen

Material recolectado

Identificadores de fotografías

Nombre científico

Familia	Nombre común

Identificado por	Depositado en herbarios

Notas adicionales / croquis de mapas / dibujos

Coleccionista	Número

Fecha	Coleccionista	Número

Coleccionistas asociados

Sitio de colecta

País / 2.º nivel admin. / 3.er nivel admin.

Lugar

Latitud / Longitud	Altitud

Hábitat

Espécimen

Descripción del espécimen

Material recolectado

Identificadores de fotografías

Nombre científico

Familia	Nombre común

Identificado por	Depositado en herbarios

Notas adicionales / croquis de mapas / dibujos

Coleccionista	Número

Fecha	Coleccionista	Número

Coleccionistas asociados

Sitio de colecta

País / 2.º nivel admin. / 3.er nivel admin.

Lugar

Latitud / Longitud	Altitud

Hábitat

Espécimen

Descripción del espécimen

Material recolectado

Identificadores de fotografías

Nombre científico

Familia	Nombre común

Identificado por	Depositado en herbarios

Notas adicionales / croquis de mapas / dibujos

Coleccionista	Número

Fecha	Coleccionista	Número

Coleccionistas asociados

Sitio de colecta

País / 2.º nivel admin. / 3.er nivel admin.

Lugar

Latitud / Longitud	Altitud

Hábitat

Espécimen

Descripción del espécimen

Material recolectado

Identificadores de fotografías

Nombre científico

Familia	Nombre común

Identificado por	Depositado en herbarios

Notas adicionales / croquis de mapas / dibujos

Coleccionista	Número

Fecha	Coleccionista	Número

Coleccionistas asociados

Sitio de colecta

País / 2.º nivel admin. / 3.er nivel admin.

Lugar

Latitud / Longitud	Altitud

Hábitat

Espécimen

Descripción del espécimen

Material recolectado

Identificadores de fotografías

Nombre científico

Familia	Nombre común

Identificado por	Depositado en herbarios

Notas adicionales / croquis de mapas / dibujos

Coleccionista	Número

Fecha	Coleccionista	Número

Coleccionistas asociados

Sitio de colecta

País / 2.º nivel admin. / 3.er nivel admin.

Lugar

Latitud / Longitud	Altitud

Hábitat

Espécimen

Descripción del espécimen

Material recolectado

Identificadores de fotografías

Nombre científico

Familia	Nombre común

Identificado por	Depositado en herbarios

Notas adicionales / croquis de mapas / dibujos

Coleccionista	Número

Fecha | **Coleccionista** | **Número**

Coleccionistas asociados

Sitio de colecta

País / 2.º nivel admin. / 3.er nivel admin.

Lugar

Latitud / Longitud | **Altitud**

Hábitat

Espécimen

Descripción del espécimen

Material recolectado

Identificadores de fotografías

Nombre científico

Familia | **Nombre común**

Identificado por | **Depositado en herbarios**

Notas adicionales / croquis de mapas / dibujos

Coleccionista	Número

Fecha | **Coleccionista** | **Número**

Coleccionistas asociados

Sitio de colecta

País / 2.º nivel admin. / 3.er nivel admin.

Lugar

Latitud / Longitud | **Altitud**

Hábitat

Espécimen

Descripción del espécimen

Material recolectado

Identificadores de fotografías

Nombre científico

Familia | **Nombre común**

Identificado por | **Depositado en herbarios**

Notas adicionales / croquis de mapas / dibujos

Coleccionista	Número

Fecha	Coleccionista	Número

Coleccionistas asociados

Sitio de colecta

País / 2.° nivel admin. / 3.er nivel admin.

Lugar

Latitud / Longitud	Altitud

Hábitat

Espécimen

Descripción del espécimen

Material recolectado

Identificadores de fotografías

Nombre científico

Familia	Nombre común

Identificado por	Depositado en herbarios

Notas adicionales / croquis de mapas / dibujos

Coleccionista	Número

Fecha	Coleccionista	Número

Coleccionistas asociados

Sitio de colecta

País / 2.º nivel admin. / 3.er nivel admin.

Lugar

Latitud / Longitud	Altitud

Hábitat

Espécimen

Descripción del espécimen

Material recolectado

Identificadores de fotografías

Nombre científico

Familia	Nombre común

Identificado por	Depositado en herbarios

Notas adicionales / croquis de mapas / dibujos

Coleccionista	Número

Fecha	Coleccionista	Número

Coleccionistas asociados

Sitio de colecta

País / 2.º nivel admin. / 3.er nivel admin.

Lugar

Latitud / Longitud	Altitud

Hábitat

Espécimen

Descripción del espécimen

Material recolectado

Identificadores de fotografías

Nombre científico

Familia	Nombre común

Identificado por	Depositado en herbarios

Notas adicionales / croquis de mapas / dibujos

Coleccionista	Número

Fecha	Coleccionista	Número

Coleccionistas asociados

Sitio de colecta

País / 2.º nivel admin. / 3.er nivel admin.

Lugar

Latitud / Longitud	Altitud

Hábitat

Espécimen

Descripción del espécimen

Material recolectado

Identificadores de fotografías

Nombre científico

Familia	Nombre común

Identificado por	Depositado en herbarios

Notas adicionales / croquis de mapas / dibujos

Coleccionista	Número

Fecha	Coleccionista	Número

Coleccionistas asociados

Sitio de colecta

País / 2.º nivel admin. / 3.er nivel admin.

Lugar

Latitud / Longitud	Altitud

Hábitat

Espécimen

Descripción del espécimen

Material recolectado

Identificadores de fotografías

Nombre científico

Familia	Nombre común

Identificado por	Depositado en herbarios

Notas adicionales / croquis de mapas / dibujos

Coleccionista	Número

Fecha	Coleccionista	Número

Coleccionistas asociados

Sitio de colecta

País / 2.º nivel admin. / 3.er nivel admin.

Lugar

Latitud / Longitud	Altitud

Hábitat

Espécimen

Descripción del espécimen

Material recolectado

Identificadores de fotografías

Nombre científico

Familia	Nombre común

Identificado por	Depositado en herbarios

Notas adicionales / croquis de mapas / dibujos

Coleccionista	Número

Fecha	Coleccionista	Número

Coleccionistas asociados

Sitio de colecta

País / 2.º nivel admin. / 3.er nivel admin.

Lugar

Latitud / Longitud	Altitud

Hábitat

Espécimen

Descripción del espécimen

Material recolectado

Identificadores de fotografías

Nombre científico

Familia	Nombre común

Identificado por	Depositado en herbarios

Notas adicionales / croquis de mapas / dibujos

Coleccionista	Número

Fecha	Coleccionista	Número

Coleccionistas asociados

Sitio de colecta

País / 2.º nivel admin. / 3.er nivel admin.

Lugar

Latitud / Longitud	Altitud

Hábitat

Espécimen

Descripción del espécimen

Material recolectado

Identificadores de fotografías

Nombre científico

Familia	Nombre común

Identificado por	Depositado en herbarios

Notas adicionales / croquis de mapas / dibujos

Coleccionista	Número

Fecha	Coleccionista	Número

Coleccionistas asociados

Sitio de colecta

País / 2.º nivel admin. / 3.er nivel admin.

Lugar

Latitud / Longitud	Altitud

Hábitat

Espécimen

Descripción del espécimen

Material recolectado

Identificadores de fotografías

Nombre científico

Familia	Nombre común

Identificado por	Depositado en herbarios

Notas adicionales / croquis de mapas / dibujos

Coleccionista	Número

Fecha	Coleccionista	Número

Coleccionistas asociados

Sitio de colecta

País / 2.º nivel admin. / 3.er nivel admin.

Lugar

Latitud / Longitud	Altitud

Hábitat

Espécimen

Descripción del espécimen

Material recolectado

Identificadores de fotografías

Nombre científico

Familia	Nombre común

Identificado por	Depositado en herbarios

Notas adicionales / croquis de mapas / dibujos

Coleccionista	Número

Fecha	Coleccionista	Número

Coleccionistas asociados

Sitio de colecta

País / 2.º nivel admin. / 3.er nivel admin.

Lugar

Latitud / Longitud	Altitud

Hábitat

Espécimen

Descripción del espécimen

Material recolectado

Identificadores de fotografías

Nombre científico

Familia	Nombre común

Identificado por	Depositado en herbarios

Notas adicionales / croquis de mapas / dibujos

Coleccionista	Número

Fecha	Coleccionista	Número

Coleccionistas asociados

Sitio de colecta

País / 2.º nivel admin. / 3.er nivel admin.

Lugar

Latitud / Longitud	Altitud

Hábitat

Espécimen

Descripción del espécimen

Material recolectado

Identificadores de fotografías

Nombre científico

Familia	Nombre común

Identificado por	Depositado en herbarios

Notas adicionales / croquis de mapas / dibujos

Coleccionista	Número

Fecha	Coleccionista	Número

Coleccionistas asociados

Sitio de colecta

País / 2.º nivel admin. / 3.er nivel admin.

Lugar

Latitud / Longitud	Altitud

Hábitat

Espécimen

Descripción del espécimen

Material recolectado

Identificadores de fotografías

Nombre científico

Familia	Nombre común

Identificado por	Depositado en herbarios

Notas adicionales / croquis de mapas / dibujos

Coleccionista	Número

Fecha	Coleccionista	Número

Coleccionistas asociados

Sitio de colecta

País / 2.º nivel admin. / 3.er nivel admin.

Lugar

Latitud / Longitud	Altitud

Hábitat

Espécimen

Descripción del espécimen

Material recolectado

Identificadores de fotografías

Nombre científico

Familia	Nombre común

Identificado por	Depositado en herbarios

Notas adicionales / croquis de mapas / dibujos

Coleccionista	Número

Fecha	Coleccionista	Número

Coleccionistas asociados

Sitio de colecta

País / 2.º nivel admin. / 3.er nivel admin.

Lugar

Latitud / Longitud	Altitud

Hábitat

Espécimen

Descripción del espécimen

Material recolectado

Identificadores de fotografías

Nombre científico

Familia	Nombre común

Identificado por	Depositado en herbarios

Notas adicionales / croquis de mapas / dibujos

Coleccionista	Número

Fecha	Coleccionista	Número

Coleccionistas asociados

Sitio de colecta

País / 2.º nivel admin. / 3.er nivel admin.

Lugar

Latitud / Longitud	Altitud

Hábitat

Espécimen

Descripción del espécimen

Material recolectado

Identificadores de fotografías

Nombre científico

Familia	Nombre común

Identificado por	Depositado en herbarios

Notas adicionales / croquis de mapas / dibujos

Coleccionista	Número

Fecha	Coleccionista	Número

Coleccionistas asociados

Sitio de colecta

País / 2.º nivel admin. / 3.er nivel admin.

Lugar

Latitud / Longitud	Altitud

Hábitat

Espécimen

Descripción del espécimen

Material recolectado

Identificadores de fotografías

Nombre científico

Familia	Nombre común

Identificado por	Depositado en herbarios

Notas adicionales / croquis de mapas / dibujos

Coleccionista	Número

Fecha	Coleccionista	Número

Coleccionistas asociados

Sitio de colecta

País / 2.º nivel admin. / 3.er nivel admin.

Lugar

Latitud / Longitud	Altitud

Hábitat

Espécimen

Descripción del espécimen

Material recolectado

Identificadores de fotografías

Nombre científico

Familia	Nombre común

Identificado por	Depositado en herbarios

Notas adicionales / croquis de mapas / dibujos

Coleccionista	Número

Fecha	Coleccionista	Número

Coleccionistas asociados

Sitio de colecta

País / 2.º nivel admin. / 3.er nivel admin.

Lugar

Latitud / Longitud	Altitud

Hábitat

Espécimen

Descripción del espécimen

Material recolectado

Identificadores de fotografías

Nombre científico

Familia	Nombre común

Identificado por	Depositado en herbarios

Notas adicionales / croquis de mapas / dibujos

Coleccionista	Número

Fecha	Coleccionista	Número

Coleccionistas asociados

Sitio de colecta

País / 2.º nivel admin. / 3.er nivel admin.

Lugar

Latitud / Longitud	Altitud

Hábitat

Espécimen

Descripción del espécimen

Material recolectado

Identificadores de fotografías

Nombre científico

Familia	Nombre común

Identificado por	Depositado en herbarios

Notas adicionales / croquis de mapas / dibujos

Coleccionista	Número

Fecha	Coleccionista	Número

Coleccionistas asociados

Sitio de colecta

País / 2.º nivel admin. / 3.er nivel admin.

Lugar

Latitud / Longitud	Altitud

Hábitat

Espécimen

Descripción del espécimen

Material recolectado

Identificadores de fotografías

Nombre científico

Familia	Nombre común

Identificado por	Depositado en herbarios

Notas adicionales / croquis de mapas / dibujos

Coleccionista	Número

Fecha	Coleccionista	Número

Coleccionistas asociados

Sitio de colecta

País / 2.º nivel admin. / 3.er nivel admin.

Lugar

Latitud / Longitud	Altitud

Hábitat

Espécimen

Descripción del espécimen

Material recolectado

Identificadores de fotografías

Nombre científico

Familia	Nombre común

Identificado por	Depositado en herbarios

Notas adicionales / croquis de mapas / dibujos

Coleccionista	Número

Fecha	Coleccionista	Número

Coleccionistas asociados

Sitio de colecta

País / 2.º nivel admin. / 3.er nivel admin.

Lugar

Latitud / Longitud	Altitud

Hábitat

Espécimen

Descripción del espécimen

Material recolectado

Identificadores de fotografías

Nombre científico

Familia	Nombre común

Identificado por	Depositado en herbarios

Notas adicionales / croquis de mapas / dibujos

Coleccionista	Número

Fecha | **Coleccionista** | **Número**

Coleccionistas asociados

Sitio de colecta

País / 2.º nivel admin. / 3.er nivel admin.

Lugar

Latitud / Longitud | **Altitud**

Hábitat

Espécimen

Descripción del espécimen

Material recolectado

Identificadores de fotografías

Nombre científico

Familia | **Nombre común**

Identificado por | **Depositado en herbarios**

Notas adicionales / croquis de mapas / dibujos

Coleccionista	Número

Fecha	Coleccionista	Número

Coleccionistas asociados

Sitio de colecta

País / 2.° nivel admin. / 3.er nivel admin.

Lugar

Latitud / Longitud	Altitud

Hábitat

Espécimen

Descripción del espécimen

Material recolectado

Identificadores de fotografías

Nombre científico

Familia	Nombre común

Identificado por	Depositado en herbarios

Notas adicionales / croquis de mapas / dibujos

Coleccionista	Número

Fecha	Coleccionista	Número

Coleccionistas asociados

Sitio de colecta

País / 2.º nivel admin. / 3.er nivel admin.

Lugar

Latitud / Longitud	Altitud

Hábitat

Espécimen

Descripción del espécimen

Material recolectado

Identificadores de fotografías

Nombre científico

Familia	Nombre común

Identificado por	Depositado en herbarios

Notas adicionales / croquis de mapas / dibujos

Coleccionista	Número

Fecha	Coleccionista	Número

Coleccionistas asociados

Sitio de colecta

País / 2.º nivel admin. / 3.er nivel admin.

Lugar

Latitud / Longitud	Altitud

Hábitat

Espécimen

Descripción del espécimen

Material recolectado

Identificadores de fotografías

Nombre científico

Familia	Nombre común

Identificado por	Depositado en herbarios

Notas adicionales / croquis de mapas / dibujos

Coleccionista	Número

Fecha | Coleccionista | Número

Coleccionistas asociados

Sitio de colecta

País / 2.º nivel admin. / 3.er nivel admin.

Lugar

Latitud / Longitud | Altitud

Hábitat

Espécimen

Descripción del espécimen

Material recolectado

Identificadores de fotografías

Nombre científico

Familia | Nombre común

Identificado por | Depositado en herbarios

Notas adicionales / croquis de mapas / dibujos

Coleccionista	Número

Fecha	Coleccionista	Número

Coleccionistas asociados

Sitio de colecta

País / 2.° nivel admin. / 3.er nivel admin.

Lugar

Latitud / Longitud	Altitud

Hábitat

Espécimen

Descripción del espécimen

Material recolectado

Identificadores de fotografías

Nombre científico

Familia	Nombre común

Identificado por	Depositado en herbarios

Notas adicionales / croquis de mapas / dibujos

Coleccionista	Número

Fecha	Coleccionista	Número

Coleccionistas asociados

Sitio de colecta

País / 2.º nivel admin. / 3.er nivel admin.

Lugar

Latitud / Longitud	Altitud

Hábitat

Espécimen

Descripción del espécimen

Material recolectado

Identificadores de fotografías

Nombre científico

Familia	Nombre común

Identificado por	Depositado en herbarios

Notas adicionales / croquis de mapas / dibujos

Coleccionista	Número

Fecha	Coleccionista	Número

Coleccionistas asociados

Sitio de colecta

País / 2.° nivel admin. / 3.er nivel admin.

Lugar

Latitud / Longitud	Altitud

Hábitat

Espécimen

Descripción del espécimen

Material recolectado

Identificadores de fotografías

Nombre científico

Familia	Nombre común

Identificado por	Depositado en herbarios

Notas adicionales / croquis de mapas / dibujos

Coleccionista	Número

Fecha	Coleccionista	Número

Coleccionistas asociados

Sitio de colecta

País / 2.º nivel admin. / 3.er nivel admin.

Lugar

Latitud / Longitud	Altitud

Hábitat

Espécimen

Descripción del espécimen

Material recolectado

Identificadores de fotografías

Nombre científico

Familia	Nombre común

Identificado por	Depositado en herbarios

Notas adicionales / croquis de mapas / dibujos

Coleccionista	Número

Fecha	Coleccionista	Número

Coleccionistas asociados

Sitio de colecta

País / 2.º nivel admin. / 3.er nivel admin.

Lugar

Latitud / Longitud	Altitud

Hábitat

Espécimen

Descripción del espécimen

Material recolectado

Identificadores de fotografías

Nombre científico

Familia	Nombre común

Identificado por	Depositado en herbarios

Notas adicionales / croquis de mapas / dibujos

Coleccionista	Número

Fecha	Coleccionista	Número

Coleccionistas asociados

Sitio de colecta

País / 2.º nivel admin. / 3.er nivel admin.

Lugar

Latitud / Longitud	Altitud

Hábitat

Espécimen

Descripción del espécimen

Material recolectado

Identificadores de fotografías

Nombre científico

Familia	Nombre común

Identificado por	Depositado en herbarios

Notas adicionales / croquis de mapas / dibujos

Coleccionista	Número

Fecha	Coleccionista	Número

Coleccionistas asociados

Sitio de colecta

País / 2.º nivel admin. / 3.er nivel admin.

Lugar

Latitud / Longitud	Altitud

Hábitat

Espécimen

Descripción del espécimen

Material recolectado

Identificadores de fotografías

Nombre científico

Familia	Nombre común

Identificado por	Depositado en herbarios

Notas adicionales / croquis de mapas / dibujos

Coleccionista	Número

Fecha	Coleccionista	Número

Coleccionistas asociados

Sitio de colecta

País / 2.º nivel admin. / 3.er nivel admin.

Lugar

Latitud / Longitud	Altitud

Hábitat

Espécimen

Descripción del espécimen

Material recolectado

Identificadores de fotografías

Nombre científico

Familia	Nombre común

Identificado por	Depositado en herbarios

Notas adicionales / croquis de mapas / dibujos

Coleccionista	Número

Fecha	Coleccionista	Número

Coleccionistas asociados

Sitio de colecta

País / 2.° nivel admin. / 3.er nivel admin.

Lugar

Latitud / Longitud	Altitud

Hábitat

Espécimen

Descripción del espécimen

Material recolectado

Identificadores de fotografías

Nombre científico

Familia	Nombre común

Identificado por	Depositado en herbarios

Notas adicionales / croquis de mapas / dibujos

Coleccionista	Número

Fecha	Coleccionista	Número

Coleccionistas asociados

Sitio de colecta

País / 2.º nivel admin. / 3.er nivel admin.

Lugar

Latitud / Longitud	Altitud

Hábitat

Espécimen

Descripción del espécimen

Material recolectado

Identificadores de fotografías

Nombre científico

Familia	Nombre común

Identificado por	Depositado en herbarios

Notas adicionales / croquis de mapas / dibujos

Coleccionista	Número

Fecha	Coleccionista	Número

Coleccionistas asociados

Sitio de colecta

País / 2.° nivel admin. / 3.er nivel admin.

Lugar

Latitud / Longitud	Altitud

Hábitat

Espécimen

Descripción del espécimen

Material recolectado

Identificadores de fotografías

Nombre científico

Familia	Nombre común

Identificado por	Depositado en herbarios

Notas adicionales / croquis de mapas / dibujos

Coleccionista	Número

Fecha	Coleccionista	Número

Coleccionistas asociados

Sitio de colecta

País / 2.° nivel admin. / 3.er nivel admin.

Lugar

Latitud / Longitud	Altitud

Hábitat

Espécimen

Descripción del espécimen

Material recolectado

Identificadores de fotografías

Nombre científico

Familia	Nombre común

Identificado por	Depositado en herbarios

Notas adicionales / croquis de mapas / dibujos

Coleccionista	Número

Fecha	Coleccionista	Número

Coleccionistas asociados

Sitio de colecta

País / 2.º nivel admin. / 3.er nivel admin.

Lugar

Latitud / Longitud	Altitud

Hábitat

Espécimen

Descripción del espécimen

Material recolectado

Identificadores de fotografías

Nombre científico

Familia	Nombre común

Identificado por	Depositado en herbarios

Notas adicionales / croquis de mapas / dibujos

Coleccionista	Número

Fecha	Coleccionista	Número

Coleccionistas asociados

Sitio de colecta

País / 2.º nivel admin. / 3.er nivel admin.

Lugar

Latitud / Longitud	Altitud

Hábitat

Espécimen

Descripción del espécimen

Material recolectado

Identificadores de fotografías

Nombre científico

Familia	Nombre común

Identificado por	Depositado en herbarios

Notas adicionales / croquis de mapas / dibujos

Coleccionista	Número

Fecha	Coleccionista	Número

Coleccionistas asociados

Sitio de colecta

País / 2.º nivel admin. / 3.er nivel admin.

Lugar

Latitud / Longitud	Altitud

Hábitat

Espécimen

Descripción del espécimen

Material recolectado

Identificadores de fotografías

Nombre científico

Familia	Nombre común

Identificado por	Depositado en herbarios

Notas adicionales / croquis de mapas / dibujos

Coleccionista	Número

Fecha	Coleccionista	Número

Coleccionistas asociados

Sitio de colecta

País / 2.º nivel admin. / 3.er nivel admin.

Lugar

Latitud / Longitud	Altitud

Hábitat

Espécimen

Descripción del espécimen

Material recolectado

Identificadores de fotografías

Nombre científico

Familia	Nombre común

Identificado por	Depositado en herbarios

Notas adicionales / croquis de mapas / dibujos

Coleccionista	Número

Fecha	Coleccionista	Número

Coleccionistas asociados

Sitio de colecta

País / 2.º nivel admin. / 3.er nivel admin.

Lugar

Latitud / Longitud	Altitud

Hábitat

Espécimen

Descripción del espécimen

Material recolectado

Identificadores de fotografías

Nombre científico

Familia	Nombre común

Identificado por	Depositado en herbarios

Notas adicionales / croquis de mapas / dibujos

Coleccionista	Número

Fecha	Coleccionista	Número

Coleccionistas asociados

Sitio de colecta

País / 2.º nivel admin. / 3.er nivel admin.

Lugar

Latitud / Longitud	Altitud

Hábitat

Espécimen

Descripción del espécimen

Material recolectado

Identificadores de fotografías

Nombre científico

Familia	Nombre común

Identificado por	Depositado en herbarios

Notas adicionales / croquis de mapas / dibujos

Coleccionista	Número

Fecha	Coleccionista	Número

Coleccionistas asociados

Sitio de colecta

País / 2.º nivel admin. / 3.er nivel admin.

Lugar

Latitud / Longitud	Altitud

Hábitat

Espécimen

Descripción del espécimen

Material recolectado

Identificadores de fotografías

Nombre científico

Familia	Nombre común

Identificado por	Depositado en herbarios

Notas adicionales / croquis de mapas / dibujos

Coleccionista	Número

Fecha	Coleccionista	Número

Coleccionistas asociados

Sitio de colecta

País / 2.º nivel admin. / 3.er nivel admin.

Lugar

Latitud / Longitud	Altitud

Hábitat

Espécimen

Descripción del espécimen

Material recolectado

Identificadores de fotografías

Nombre científico

Familia	Nombre común

Identificado por	Depositado en herbarios

Made in the USA
Monee, IL
12 November 2026

e6d34aa0-e99d-496f-a8f6-338f334ae70eR01